100 FATTI INCREDIBILI SULLA SCIENZA

Affascinanti Curiosità e Misteri della Natura per Piccoli Scienziati

GRAZIE PER AVER ACQUISTATO QUESTO LIBRO!

PER RINGRAZIARTI TI OFFRIAMO GRATUITAMENTE <u>3 BONUS</u>:

50 FATTI EXTRA PER SCOPRIRE LO SPAZIO ;

20 VIDEO INCREDIBILI PER APPROFONDIRE ;

50+ IMMAGINI DA COLORARE SULLO SPAZIO

<u>QUESTO OMAGGIO È DEDICATO SOLAMENTE AI LETTORI DI QUESTO LIBRO.</u>

SCANSIONA IL QR CODE CHE TROVI NELLA PAGINA ACCANTO PER ACCEDERE AL TUO BONUS E PER RICEVERE ANTEPRIME ESCLUSIVE DELLE NOSTRE NUOVE PUBBLICAZIONI.

SCAN ME

PRENDITI UN MINUTO PER EFFETTUARE LA REGISTRAZIONE COSÌ POSSIAMO SUBITO AVVENTURARCI NEI 100 FATTI INCREDIBILI SULLA SCIENZA.

DETTO CIÒ, TI LASCIAMO ALLA LETTURA DEL LIBRO, SPERANDO CHE LE INFORMAZIONI TI SIANO UTILI PER APPROFONDIRE IL LATO DEL MONDO SCIENTIFICO.

BUONA LETTURA!

1

RESPIRIAMO GRAZIE AGLI OCEANI

Quando pensiamo all'aria che respiriamo ci viene subito in mente l'ossigeno prodotto dagli alberi. In realtà un respiro su due lo dobbiamo agli oceani. Oltre la metà dell'ossigeno che respiriamo arriva dal plancton marino.

Quello che infatti non tutti sanno è che la Terra ha due polmoni.

Le acque superficiali, raggiunte dalla luce del Sole, brulicano di microrganismi galleggianti che producono il 50% dell'ossigeno del pianeta grazie al processo della fotosintesi clorofilliana (analogamente a come avviene per le piante terrestri). Per ogni respiro che proviene dal polmone verde, un altro è offerto dal polmone blu.

2

NEL CORPO UMANO CI SONO PIÙ BATTERI O CELLULE?

Il nostro organismo è popolato da un numero esorbitante di batteri, ma spesso si sente dire che il numero di microrganismi superi di dieci volte quello delle cellule.

Ecco, quest'ultimo fatto è uno dei tanti falsi miti sul corpo umano. Infatti, secondo i calcoli di due studiosi canadesi, il rapporto tra cellule e batteri è più probabilmente di 1:1 ossia tanti batteri quante sono le cellule.

In un uomo "medio",20-30 anni di età, 1,70 m di altezza per 70 kg di peso, ci sono circa 30 trilioni di cellule e 39 trilioni di batteri (un trilione equivale a mille miliardi).

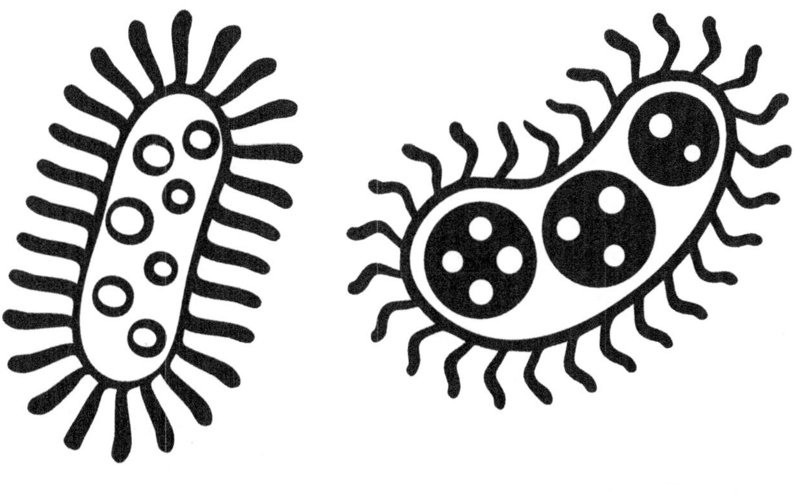

3

ANIMALI IMMORTALI

La specie più nota che può raggiungere lo stato di immortalità biologica è la Turritopsis nutricula, un idrozoo in grado di trasformarsi in polipo dopo aver raggiunto a sua volta lo stato di medusa tramite un processo di transdifferenziazione infinito.

L'immortalità biologica quindi, rappresenta uno stato fisiologico caratterizzato da un tasso di mortalità da senescenza cellulare nullo o basso. Oltre alla Turritopsis nutricola, appartenente alla famiglia degli astici, anche altre specie unicellulari o pluricellulari possono raggiungere questo stato biologico durante la loro vita o dopo aver vissuto abbastanza a lungo.

4

L'ODORE DELL'ERBA È UN SEGNALE D'ALLARME

Perché l'erba appena tagliata ha un odore caratteristico?

Secondo gli autori di un recente studio, si tratta di un allarme lanciato dalle piante per avvisare altre specie di un pericolo che incombe. Chiaramente una pianta non è felice di essere danneggiata e gli esseri vegetali hanno sviluppato metodi diversi per difendersi dall'attacco di insetti, bruchi o mammiferi. Dovendo vivere immobili e non avendo altre armi per attaccare i predatori, le piante sfruttano la chimica per tutelarsi e per avvisare le altre piante dell'imminente minaccia.

Quando tagliamo il prato o quando la pianta viene attaccata da un predatore erbivoro, produce sostanze volatili per comunicare alle piante della stessa specie la necessità di difendersi.

Dopo essere state avvisate, le piante possono reagire sintetizzando sostanze tossiche capaci di avvelenare i predatori.

5

I SENSI SONO 9

I sensi conosciuti dalla maggior parte delle persone sono 5 ma la scienza ci dice che in realtà sono molti di più. Per l'esattezza sono 9, senza contare i sensi secondari che potrebbero allungare la lista fino a toccare i 21 sensi.

Oltre a vista, udito, olfatto, gusto e tatto bisogna infatti aggiungere equilibrio, termoricezione, propriocezione e dolore.

Andiamo a scoprire gli ultimi quattro.

L'equilibrio è la capacità di una persona di rimanere in piedi in una posizione.

La termoricezione rappresenta quella capacità di percepire la temperatura circostante quindi il freddo o il caldo.

La propriocezione è la capacità di percepire la posizione del proprio corpo e dei singoli arti nello spazio. Questo tipo di senso viene spesso alterato quando si assumono quantità eccessive di alcool ed è quello che viene testato con il noto metodo "chiudi gli occhi e toccati il naso".

Infine, il dolore che rappresenta l'insieme di una rete sensoriale del nostro corpo. Esiste un insieme di recettori sensoriali cutanei, somatici ma anche relativi agli organi interni.

6

LE NUVOLE PESANO

Le nuvole sono pesantissime.

Il motivo per cui non cadono è perché sono composte da miliardi di particelle di acqua separate e piccolissime.

Il peso di una nuvola di media grandezza equivale a quello di un centinaio di elefanti.

Per esempio, la famosa nube a forma di "cavolfiore" pesa circa 500 mila chili.

Un'enormità vero?!

Se volessimo calcolare il peso ci si dovrebbe basare sulla densità che, per questo tipo di nube, è stata stimata in mezzo grammo di acqua (quella che potrebbe contenere una biglia) per metro cubo.

7

GLI UCCELLI DORMONO MENTRE VOLANO

Lo sapevate che gli uccelli sono in grado di volare e dormire contemporaneamente? Alcuni esemplari di volatili riescono a sonicchiare mentre sono in volo, soprattutto se si fa riferimento alla specie delle fregate, un genere diffuso negli ambienti tropicali e subtropicali. Questa caratteristica di alcune specie è stata osservata per la prima volta dall'équipe di scienziati del Max-Planck-Gesellschaft e di altri istituti di ricerca. Come raccontano sulle pagine di Nature Communications, i ricercatori hanno infatti misurato l'attività cerebrale delle fregate, osservando che durante il volo riescono a dormire con uno o addirittura entrambi gli emisferi cerebrali.

8

I BAMBINI NASCONO CON PIÙ OSSA DI UN ADULTO

La struttura ossea degli esseri umani varia con il passare degli anni.

Questa è la ragione per cui appena nati il corpo presenta una struttura ossea profondamente diversa.

Negli infanti le ossa sono presenti in misura maggiore perché al momento della nascita alcune di esse presentano frammenti di ossa che si uniscono tra loro solo durante la fase della crescita.

I neonati presentano precisamente 270 ossa che poi subiscono una consistente diminuzione passando a 206.

Una volta terminata la fase di crescita, una persona adulta presenta uno scheletro le cui ossa possono essere suddivise in ossa del capo, del tronco e degli arti.

In sintesi, lo scheletro dei neonati subisce dei sostanziali mutamenti soprattutto durante l'infanzia e l'adolescenza presentando importanti differenze tra la struttura ossea iniziale e quella che viene raggiunta in età adulta.

9

L'ACIDO DELLO STOMACO

L'acido cloridrico è il succo gastrico che è presente all'interno del nostro stomaco.

Questo tipo di sostanza è dotata di una concentrazione molto elevata di acido tanto da avere un importante effetto antimicrobico ma altamente corrosivo.

L'acido cloridrico può provocare ulcera e gastriti se in eccesso, ma allo stesso tempo, se le quantità di acido fossero ridotte, aumenta nell'essere umano il rischio d'infezioni del tratto gastro intestinale.

Solo il muco riesce a contrastare la sua azione corrosiva all'interno dello stomaco.

Anche Isaac Asimov, biochimico russo, studiò le caratteristiche dell'acido cloridrico tanto da ipotizzare che il succo gastrico potrebbe arrivare a bucare un tovagliolo, ma anche passare attraverso una scrivania di legno.

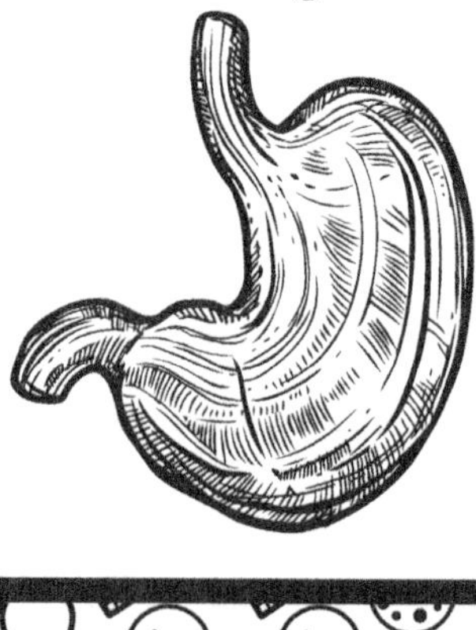

10

LA TORRE EIFFEL SI ALLUNGA DI 15 CM DURANTE L'ESTATE

Cos'è l'espansione termica?

Quando un materiale viene scaldato, i suoi atomi iniziano a muoversi occupando tutto il volume della superficie in questione.

Al contrario, se la temperatura dovesse diminuire ci sarebbe una mossa inversa degli atomi, ovvero un calo della temperatura fa sì che il materiale si contragga.

Questo effetto è maggiore nei gas, ma si verifica anche nei materiali solidi, come il ferro.

Ed è per questo principio fisico che le grandi infrastrutture come i ponti, grattacieli e la stessa Torre Eiffel, sono costruite con giunti di dilatazione che consentono loro un certo margine di espansione e contrazione senza causare danni.

11

IL 20% DELL'OSSIGENO TERRESTRE VIENE DALLA FORESTA AMAZZONICA

La maggioranza degli organismi viventi sul pianeta Terra riesce a vivere grazie all'ossigeno, che a sua volta verrà convertito in anidride carbonica durante la fase di respirazione.

Ma a diminuire l'anidride carbonica che è in circolazione ci pensano le piante che ricostituiscono continuamente i livelli di ossigeno del nostro pianeta attraverso la fotosintesi. Durante questo processo, l'anidride carbonica e l'acqua vengono convertite in energia liberando ossigeno come prodotto di scarto.

Quindi si può capire molto bene come la foresta amazzonica sia il nostro polmone verde. L'Amazzonia copre 5,5 milioni di chilometri quadrati e "scarica" nell'atmosfera circa il 20% di tutto l'ossigeno terrestre, assorbendo contemporaneamente grandi quantità di anidride carbonica.

12

LE HAWAII SI AVVICINANO ALL'ALASKA OGNI ANNO

La crosta terreste è formata dalle placche tettoniche che sono frammenti giganteschi di terra in costante movimento.

Queste vengono continuamente spinte dalle correnti che si trovano al di sotto del mantello superiore terreste.

La roccia calda e meno densa sale verso la superficie terrestre prima di raffreddarsi e sprofondare, dando così origine a correnti di convezione circolari che agiscono come giganteschi nastri trasportatori spostando lentamente le placche tettoniche sopra di loro. Ecco che le Hawaii, per esempio, che si trovano nel mezzo della placca del Pacifico, si stanno lentamente spostando a nord-ovest verso la placca nordamericana, dove si trova l'Alaska.

13

ANATOMIA DI UN POLPO

Iniziamo subito dicendo che un polpo ha tre cuori.

Due trasmettono il sangue nelle branchie mentre il terzo invece pompa sangue per mantenere in modo stabile la circolazione verso gli altri organi del mollusco.

Ma non è finita qui. La stranezza del polpo è anche perché è costituito da ben nove "cervelli". Ha un cervello considerato quello più importante dove si svolgono tutte le analisi e i processi decisionali.

Gli altri otto invece, considerati ausiliari, si trovano uno alla base di ciascun tentacolo e funzionano come preprocessori per tutte le informazioni ottenute dal braccio monitorato. Altra caratteristica molto curiosa è che il sangue del polpo non è di colore rosso come il nostro, bensì è di colore blu, a causa della cianoglobina, sostanza costituita da rame.

14

LE BANANE SONO RADIOATTIVE

Se parliamo di radioattività nei cibi vengono subito in mente...le banane!

Hai letto bene. Esiste addirittura un'unità di misura della dose da radiazioni espressa in banane (la BED, ovvero Banana Equivalent Dose) che si basa sul fatto che mangiando una banana si assorbe una dose di circa 0.1 μSv.

Le banane sono radioattive perché contengono potassio e dove c'è potassio c'è anche il suo isotopo radioattivo, il potassio 40, che ne costituisce appena lo 0.012% ma è sufficiente a far avvenire circa 31 decadimenti radioattivi al secondo in ogni grammo di potassio.

15

UNA PULCE È PIÙ VELOCE DELLO SPACE SHUTTLE

Lo sapevate che una pulce può raggiungere altezze a dir poco vertiginose nel tempo di un millisecondo?

L'accelerazione è la variazione della velocità di un oggetto in una frazione di tempo e viene spesso misurata in "g", con "g" uguale all'accelerazione causata dalla gravità sulla Terra (9,8 metri al secondo quadrato).

Le pulci, dunque, arrivano a toccare altezze di 8 centimetri con accelerazioni di 100 g, mentre lo Space Shuttle ha raggiunto un picco massimo di circa 5 g.

Qual è il segreto della pulce? Il salto del piccolo insetto si concentra in una proteina elastica simile alla gomma che le consente di immagazzinare e rilasciare energia come una molla.

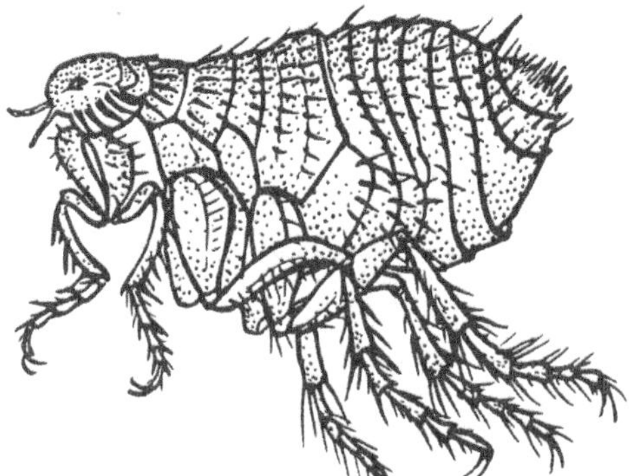

16

COME NASCE LA PENICILLINA

A scoprire per puro caso la penicillina fu Alexander Fleming, microbiologo inglese, nel suo laboratorio di St. Martin situato a Londra.
La scoperta nasce per dare una maggiore tenuta alla difesa immunitaria degli esseri umani contro germi patogeni attraverso l'uso di agenti micotici. Fleming verificò lo stato di una coltura di batteri e vi trovò al suo interno una copertura di muffa. Questo evento non aveva nulla di straordinario poiché erano normali situazioni del genere; la cosa eccezionale fu invece il fatto che questa muffa aveva annientato tutti i batteri circostanti. Fleming identificò la muffa come appartenente al genere Penicillium notatum che in italiano si traduce con "pennello notevole", dalla forma degli sporofori.

17

RIDERE È UN GESTO INNATO, PIANGERO NO

Lo sapevi che la gioia è innata?
A scoprirlo sono stati alcuni ricercatori olandesi del Max Planck Institute for Psycholinguistics. L'essere umano, secondo questi ricercatori, avrebbe già nel suo inconscio la capacità di ridere, provare gioia o felicità, mentre tutti gli altri modi, come piangere o innervosirsi sono stati d'animo che apprenderà nel corso della vita, nonostante gli uomini nascano già piangendo. Per scoprire ciò, gli scienziati hanno contattato sedici persone, otto delle quali sorde sin dalla nascita, alle quali hanno chiesto di esprimere queste emozioni senza usare le parole.
Gli studiosi hanno registrato i suoni emessi dai volontari e poi hanno chiesto ad altre 25 persone con un buon udito di ascoltare i suoni e di associarli alla giusta emozione.
I ricercatori hanno così scoperto che tra i suoni emessi dalle persone sorde, gli unici ad essere riconoscibili dai volontari erano quelli legati alla gioia, tutti gli altri risultavano troppo confusi.
Ciò dimostra come ridere sia un'abilità innata.

18

QUANTI SECONDI SERVONO PER LAVARSI BENE LE MANI?

La scienza dice che un corretto lavaggio delle mani deve durare almeno 20 secondi.

Secondo lo studio pubblicato sulla rivista Physics of Fluids, 20 secondi è il tempo necessario per sconfiggere virus e batteri che si posizionano nelle nostre mani.

I risultati confermano che per pulire correttamente le mani è necessario sfregarle vigorosamente per questa durata di tempo.

Per giungere a questa conclusione, il team di ricerca ha esaminato i meccanismi chiave del lavaggio delle mani.

Hanno simulato questa azione grazie ad un modello in grado di replicare con due superfici ondulate in movimento l'azione delle mani e con una pellicola il liquido dell'acqua che scorre.

19

SATURNO GALLEGGIA

Saturno è uno dei quattro pianeti esterni gassosi con una densità media di soli 0,69 mg/mL (un valore inferiore anche a quello dell'acqua di circa due terzi).

Questa sua caratteristica lo rende il pianeta con la densità più bassa del sistema solare.

Se si disponesse di un mare abbastanza grande per ospitare l'intero corpo celeste lo vedremmo galleggiare come un enorme iceberg.

Per quanto riguarda gli altri tre pianeti esterni gassosi, Giove, Urano e Nettuno, possiedono una densità media maggiore rispetto a quella dell'acqua.

Diverso invece per i quattro pianeti interni, Mercurio, Venere, Terra e Marte, che sono rocciosi e per questo motivo il loro peso specifico è molto elevato.

20

PERCHÈ NELLE CONCHIGLIE "SI SENTE IL MARE"?

Il refolo di vento che si insinua tra l'orecchio e la conchiglia, uniti ai rumori dell'ambiente circostante, fanno vibrare l'aria contenuta nella cavità della conchiglia provocando così un'eco.
Il carbonato di calcio che costituisce il guscio è infatti un materiale duro sul quale le onde sonore rimbalzano più volte.
Ciò fa sì che il suono venga ripetuto più e più volte dando l'illusione di ascoltare lo sciabordio.

21

PERCHÈ IL GHIACCIO SI ATTACCA ALLA PELLE?

Sarà capitato a tutti di toccare dei cubetti di ghiaccio appena estratti dal freezer.

La conseguenza di questo gesto fa sì che le nostre dita si incollino per alcuni secondi al cubetto gelato, poiché la nostra cute si congela immediatamente quando va a contatto con una superficie con temperatura a -20°C.

L'effetto è più intenso e immediato se invece del ghiaccio si tocca un contenitore metallico ghiacciato, poiché il metallo è un buon conduttore di calore; al contrario, se si tratta di una superficie lignea, l'effetto è meno forte.

22

STARNUTIRE AD OCCHI APERTI SI PUÒ

La leggenda che starnutire facesse causare l'espulsione dei bulbi oculari è falsa.

La notizia fu pubblicata nel 1882 dal New York Times ma smentita poco tempo dopo, pur tuttavia rimanendo nelle menti della gente per molti anni ancora.

Starnutire ad occhi aperti, anche se è possibile, non è così facile perché bisogna tenere aperte le palpebre.

Questa chiusura involontaria è una contrazione simultanea di diversi muscoli coinvolti nell'espulsione delle particelle, compresi quelli che controllano il movimento delle palpebre.

In realtà però la pressione liberata non è tale da far schizzare gli occhi fuori dalle orbite, visto che la forza rilasciata dovrebbe essere in grado di strappare ben 6 muscoli con relativi tendini, tutti i vasi sanguigni ed addirittura il nervo ottico.

23

IL RONZIO DI MARTE

Nel 2019 InSight, il lander della NASA dal 2018 su Marte, rilevò il primo terremoto marziano mai registrato.

Dopo questo terremoto la Nasa rilevò anche un ronzio costante, come se ci fossero sciami di vespe marziane. Sembra che questo continuo rumore sia collegato al terremoto di cui non si sa ancora l'origine.

Il ronzio ha una frequenza più alta dei naturali rumori di sottofondo che si sentono sulla Terra, alcuni dei quali sono provocati dagli oceani, altri dai venti. Non si può ancora escludere che sia stato il lander stesso a generare il rumore e per ora non ne sappiamo molto altro.

24

UNA BARRIERA CORALLINA PIÙ ALTA DELL'EMPIRE STATE BUILDING

In Australia, nelle profondità dell'oceano al largo delle coste del Queensland, un gruppo di scienziati ha scopeto una barriera corallina più alta dell'Empire State Building di New York.

Da più di mezzo secolo non venivano individuate barrire coralline di tali dimensioni.

La scoperta in questione fa parte della Grande Barriera Corallina, alta circa 500 metri, che si estende per oltre 1,5km.

25

DNA DI DINOSAURO

Sappiamo che è impossibile far ritornare sulla Terra una specie già estinta soprattutto se il tipo di animale sono gli ingombranti dinosauri, esseri estinti milioni di anni.

Tuttavia, un gruppo di scienziati è riuscito ad individuare grazie a dei fossili risalenti 70 milioni di anni, forme che potrebbero essere cromosomi e nuclei cellulare di Hypacrosaurus stebingeri, una specie di dinosauri.

Ovviamente non è stato possibile ricostruire l'intero DNA, ma questo tipo di ricerca è rilevante perché dimostra come alcune strutture biologiche possono conservarsi nel processo di fossilizzazione.

26

IL CRANIO PIÙ ANTICO

Nel 2015 nella città di Johannesburg, in Sud Africa, due studenti universitari del corso di archeologia, Jesse Martin e Angeline Leece, trovarono i resti di un cranio.

Quando i due ragazzi videro il tipo di osso pensarono fosse appartenuto ad un babbuino. Tuttavia, grazie ad alcune ricerche, il cranio in questione era uno dei più antichi resti di una testa di Homo erectus, una specie umana vissuta tra 2 milioni e 108 mila anni fa, la prima a diffondersi dall'Africa all'Asia.

Il cranio trovato a Johannesburg è stato datato 2 milioni di anni fa e il ritrovamento è stato considerato essenziale dagli scienziati, perché ha contribuito a migliorare l'albero dell'evoluzione delle specie umane, dunque dei nostri antenati.

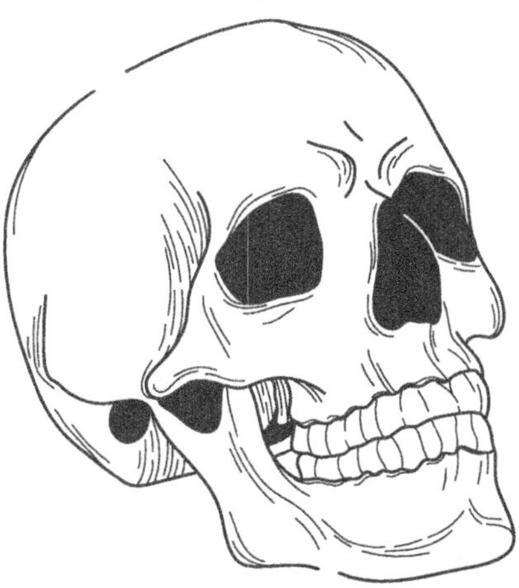

27

QUANTI GRASSI BISOGNA ESSERE PER DIVENTARE ANTIPROIETTILI?

Se prendessimo un uomo alto circa 1.85 cm con peso di 80kg, secondo la formula creata dallo scienziato Mosteller, la sua superficie è pari alla radice quadrata del prodotto della sua altezza per il suo peso, il tutto diviso 60.

Il risultato è 2,02 metri quadrati: per avere uno strato di grasso uniforme, della densità di 1 grammo per centimetro cubo, servono almeno 593 chili, ai quali bisogna aggiungere gli 80 iniziali.

Ecco così che arriviamo al risultato di 650 chili.

In questo modo un calibro 9, che è il proiettile più comune, non ti farebbe nulla.

28

E SE LA LUNA SCOMPARISSE?

La massa della Luna è pari a circa un ottantesimo di quella terrestre. Una massa in proporzione molto grande, motivo per cui il sistema Terra-Luna è definito dagli astronomi un "pianeta doppio".

La gravità lunare influisce sulle maree, sui ritmi vitali, sulle capacità di orientamento di alcuni animali e sull'inclinazione dell'asse terrestre.

Non solo: sembra che la Luna abbia svolto un ruolo fondamentale nell'origine della vita sul nostro pianeta.

Anche il Sole, naturalmente, contribuisce a questi effetti grazie alla sua forza gravitazionale. La sua massa tuttavia, è circa la metà di quella lunare, nonostante le dimensioni del Sole.

Ciò è dovuto alla distanza della stella dalla Terra. Se la Luna scomparisse, quindi, la gravità solare non sarebbe in grado di compensare e la vita terrestre sarebbe gravemente compromessa.

29

PERCHÈ IL MIELE NON SCADE?

Il miele non scade grazie alla sua struttura chimica.

La poca quantità di acqua e l'alto livello di acidità consentono al miele di conservarsi a lungo e rendendolo non attaccabile da muffe e batteri.

L'immortalità del miele è stata confermata anche da alcuni archeologi che trovarono dentro alcune tombe egizie dei vasetti di miele.

Infatti, dalle analisi fatte all'estratto del miele egizio, l'alterazione biologica era assente.

Il motivo è che la sepoltura aveva garantito un perfetto stato di conservazione e tutto ciò ha confermato che il miele, se conservato in determinate condizioni, non scade mai.

Ovviamente per assicurarsi questo stato di conservazione bisogna sigillare al meglio il barattolo che lo contiene attraverso una chiusura ermetica.

Successivamente andrà riposto in un luogo fresco, asciutto e possibilmente buio.

30

COME RENDERE POTABILE L'ACQUA MARINA

Per rendere potabile l'acqua di mare si deve utilizzare la tecnologia della trasformazione per osmosi inversa.

Questo processo consiste nel trattare l'acqua marina attraverso l'iperfiltrazione.

Questa tecnica, utilizzata da quasi mezzo secolo, permette di rimuovere dall'acqua una serie di componenti chimici e il sale, rendendo l'acqua di mare adatta all'utilizzo da parte dell'uomo, delle attività agricole e all'impiego per l'abbeveramento degli animali.

Tale processo chimico-fisico consiste nella filtrazione dell'acqua salmastra (moderatamente salata) e marina per ottenere acqua depurata, utilizzando delle apposite membrane che trattengono gli elementi non compatibili con i requisiti di qualità dell'acqua potabile.

31

L'INTERNET DELLE PIANTE

Gli alberi, grazie a quelli che sono denominati alberi hub e al ruolo di connessione che hanno con i funghi che vi crescono attorno, sono in grado di scambiare informazioni con gli altri della stessa specie per centinaia di chilometri.

Gli studiosi infatti sono riusciti a mappare la prima rete globale di comunicazione tra alberi chiamata wood wide web.

Attraverso questo studio i ricercatori hanno mostrato come gli alberi hub, le cui radici sono radicate in profondità nel terreno e si diffondono per la foresta, siano in grado di passare informazioni agli altri alberi della propria specie ed anche di riconoscere e nutrire i propri eredi. Grazie alla simbiosi con i funghi che crescono nelle loro vicinanze questi arbusti sono in grado di riconoscere le minacce.

Il passaggio di informazioni tra funghi e alberi è dovuto allo stretto rapporto di simbiosi tra le due specie. I primi, infatti, non sono in grado di svolgere la fotosintesi, in compenso rilasciano micelio nel terreno, per tanto scambiano acqua, minerali e altre sostanze chimiche in cambio di acqua e zuccheri.

32

ANN HODEGES, LA DONNA COLPITA DA UN METEORITE

Perché è diventata famosa la figura di Ann Hodges?

Nel febbraio del 1954, la signora Hodeges si trovava sdraiata sul divano nella sua casa a Sylacauga in Alabama.

Quella giornata le cambiò la vita per sempre.

In cielo ci sarebbe stata una scia di fuoco, un botto e poi all'improvviso una pietra nera avrebbe distrutto il soffitto atterrando sul pavimento del soggiorno, per poi rimbalzare sulla gamba di Ann ferendola.

Ecco che questo fatto è l'unico caso documentato nella storia di una persona colpita da un meteorite.

33

COME FANNO A MUOVERSI I GIRASOLI?

I girasoli non hanno muscoli per muoversi. Quindi come fa questo fiore a girarsi continuamente durante la giornata?

Ha due abilità: la prima è che al loro interno possiedono una specie di orologio che tiene il ritmo della giornata, mentre la seconda è la capacità di percepire da dove viene la luce solare.

Tuttavia, secondo uno studio, il movimento in realtà è l’effetto della crescita, prima da un lato, poi dall’altro: durante il giorno i girasoli crescono sul lato orientale e così si girano verso ovest; durante la notte sul lato occidentale, girandosi così verso est.

Questi geni della crescita sono presenti sui diversi lati dello stelo.

34

LE IMPRONTE DIGITALI DELLA LINGUA

Ebbene sì, anche la lingua ha le sue impronte digitali e sono pure visibili.

Se ci guardiamo bene la lingua potremmo notare delle piccole escrescenze o creste.

Queste fanno sì che compongano le impronte digitali della nostra lingua e che allo stesso tempo la fanno diventare nostro e di nessun altro come le impronte delle nostre dita.

Queste creste inoltre contengono più di 10mila papille gustative, ognuna piena di peli microscopici chiamati microvilli.

I microvilli, come piccoli critici gastronomici, percepiscono se il cibo è dolce o acido, salato o amaro e inviano la loro "recensione" al cervello.

35

LA REGOLA DEI 5 SECONDI È FALSA

Quante volte abbiamo ci è caduto un pezzo di cibo per terra e abbiamo sentito dire la frase "Mangia in fretta perché non sono passati i 5 secondi"?

Questa regola popolare è falsa perché i batteri non sono così veloci a saltare sopra l'alimento.

In uno studio, alcuni ricercatori hanno effettuato 2.560 misurazioni prendendo come riferimento: quattro alimenti (anguria, pane, burro e caramelle gommose), considerando quattro tipi di superfici (acciaio inossidabile, ceramica, legno e moquette) e quattro tempi di contatto i (meno di un secondo, 5, 30 e 300 secondi).

In questo modo sono stati definiti 128 scenari, ognuno dei quali è stato replicato venti volte.

I risultati indicano che la contaminazione del cibo, cioè il trasferimento dei batteri dalla superficie all'alimento, dipende dall'umidità del prodotto, dal tipo di superficie e dalla durata del contatto.

36

USIAMO DAVVERO IL 10% DEL NOSTRO CERVELLO?

Lo sfruttamento del 10% del cervello è una credenza secondo la quale le capacità intellettuali degli esseri umani non sarebbero sfruttate appieno: gran parte del cervello umano non sarebbe utilizzata e se lo fosse consentirebbe all'individuo di godere di capacità straordinarie.

Alcuni arrivano a sostenere che nell'ipotetico 90% di potenziale cerebrale inutilizzato si nasconderebbero importanti capacità psicocinetiche e psichiche in generale.

Sebbene le capacità intellettive del singolo individuo possano crescere nel corso degli anni tramite l'istruzione, percorsi lavorativi e processi di vita quotidiana, la credenza che nella vita si utilizzi sostanzialmente solo il 10% del potenziale effettivo è priva di fondamento scientifico e contraddetta dalle conoscenze in merito; pur se taluni aspetti del cervello umano rimangono sconosciuti, tuttavia si conosce ogni singola parte del cervello e le funzioni associate a ciascuna.

37

MEMORIA FOTOGRAFICA

Cos'è la memoria fotografica?

Detta memoria eidetica, la memoria fotografica è la capacità di codificare informazioni visivamente e altamente dettagliate.

È un'elaborazione delle immagini attraverso un processo di scansione fatto grazie ai nostri occhi e soprattutto al cervello.

Si stima che solo l'1% della popolazione abbia questa capacità, tuttavia, la sua reale esistenza è dubbia.

Ci sono alcuni studi che sostengono come la memoria fotografica sparisca una volta diventati adulti e che sia una capacità prettamente dell'età dell'infanzia.

Ma questo, forse, dipende molto anche dalla mancanza di esercizio e stimolazione che nell'età adulta non c'è perché si tende a codificare in modalità verbale anziché fotografica.

C'è chi invece la ritiene semplicemente un mito perché le testimonianze provengono sempre da chi afferma di possederla piuttosto che da test cognitivi e valutazioni oggettive.

38

È POSSIBILE SOLLEVARE UNA PERSONA PER I CAPELLI?

Secondo il calcolo di Kevin McElwee, esperto tricologo dell'Università British Columbia di Vancouver, un capello attaccato al cuoio cappelluto di un essere umano riuscirebbe a sopportare un peso di 70 grammi che, moltiplicato per 80-120.000 (ovvero il numero di capelli di una persona) fa 5.600-8.400 chilogrammi.

Ovviamente, nello studio del professore McElwee, non sono stati presi in considerazioni i capelli rovinati e sfibrati.

Secondo il professore della British Columbia, anche i capelli non in perfetta salute dovrebbero essere in grado di sollevare una persona.

39

ORECCHIE E NASO CONTINUANO A CRESCERE

A causa della cartilagine che si rilassa e cede alla forza di gravità, il nostro naso e le nostre orecchie continuano a crescere per tutta la nostra vita anche se il senso dell'olfatto o dell'udito non aumenterebbe in modo proporzionale alla crescita degli organi. Sembrerebbe un'illusione ottica ma non lo è affatto perché lo confermano studi accurati dedicati all'argomento.

Questa crescita comincia intorno all'età di 18 anni.

Di fatti, dai 18 anni agli 80, è stato verificato che le orecchie di un uomo tendono a crescere di circa 12 millimetri.

Nella donna invece si registra una crescita di circa 8 millimetri.

Il naso si dilata di circa 2 millimetri sia nel sesso maschile che in quello femminile nel medesimo arco temporale.

40

LA MEMORIA DEI PESCI ROSSI

"Hai la memoria di un pesce rosso"!
Quante volte lo abbiamo sentito quando per sbadataggine ci dimenticavamo di qualcosa?
Ma perché si pensa che il pesce rosso sia un animale senza memoria? Ed è davvero così?
In realtà, secondo alcuni studi scientifici, i pesci rossi hanno memorie molto più lunghe che durano diverse settimane e perfino anni.
La scienza è a conoscenza della memoria dei pesci rossi dagli anni 50/60 e nonostante ciò il falso mito si è sempre più diffuso.
In realtà, i pesci rossi hanno ricordi così impressionanti che sono spesso utilizzati come modello comune per studiare la memoria e l'apprendimento nei pesci.
Ad esempio, i pesci rossi riescono ad imparare molto velocemente alcuni gesti apparentemente molto semplici come imparare molto presto il lato della vasca dove verranno nutriti e non se lo scorderanno per tutta la vita.

41

I PIPISTRELLI CI VEDONO BENISSIMO

I pipistrelli non sono ciechi e ci vedono abbastanza bene anche in condizioni di scarsa illuminazione, infatti i loro occhi funzionano meglio dei nostri in ambienti scarsamente illuminati (ad esempio alla luce della luna).

Nessuna delle 1100 specie di pipistrelli è completamente cieca.

Usano una tecnica chiamata ecolocalizzazione per tenere le distanze dagli oggetti vicini, ma devono usare gli occhi per vedere gli oggetti lontani.

Alla maggior parte dei pipistrelli piace cacciare nel buio completo (per evitare la concorrenza di altri uccelli), per cui in questo frangente usano l'ecolocalizzazione visto che gli occhi hanno bisogno di almeno una minima quantità di luce.

Le ore di luce diurna che passano a dormire o a pulirsi non richiedono capacità visive, ma non per questo sono ciechi.

Quello in cui la loro vista è inferiore alla nostra è che non è in grado di vedere i colori, ma è limitata al bianco e nero.

42

BRUCIARE UN DIAMANTE

Nonostante i diamanti siano composti dalla stessa sostanza del carbone, il carbonio, ci vuole molto di più per farli bruciare anche se una volta "acceso" il diamante brucerà all'incirca come il suo "lontano parente" molto meno prezioso.
Il diamante si accende a circa 900 gradi Celsius. Quando viene riscaldato per la prima volta, la pietra preziosa diventerà rossa e poi bianca.
Il calore consente una reazione tra la superficie del diamante e l'aria, convertendo il carbonio nel monossido di carbonio incolore e inodore. Mantenere una fiamma sulla superficie di un diamante di solito richiede il 100% di ossigeno anziché normale aria, che è composta solo dal 22% di ossigeno.

43

IL CERVELLO FUNZIONA MEGLIO DI NOTTE

Lo dice la scienza: quando dormiamo il cervello è più attivo rispetto al giorno.

Di notte il cervello fa le pulizie, rispolvera e integra nozioni che durante il giorno non riesce a processare.

In gergo si chiama manutenzione neuronale, ovvero il principale compito della nostra attività cerebrale che consiste anche nel migliorare le prestazioni del cervello.

In generale è durante il sonno profondo che si assiste ad una sensibile diminuzione delle connessioni neuronali, come se il cervello procedesse a una preziosa potatura: da una parte elimina i dati inutili accumulati di giorno, dall'altra consolida la memoria utile, quella "delle radici".

C'è quindi un sapere innato nel cervello che decide cosa è funzionale al nostro progetto di persona e cosa va eliminato.

44

IL COCCIGE

Il coccige è la parte terminale della colonna vertebrale, ma milioni di anni fa rappresentava la parte iniziale della nostra coda, utilizzata per aggrapparci tra i rami degli alberi e per comunicare con i nostri simili.

Abbiamo assunto una posizione eretta e il nostro scheletro è cambiato con il passare degli anni.

Oggi la nostra "coda" resta sotto forma di quattro-cinque vertebre sacrali fuse in una sorta di triangolo che però non è proprio irrilevante. Infatti oltre a proteggere la parte terminale del midollo spinale è anche la sede di inserzione di muscoli come il grande gluteo o gli elevatori dell'ano.

45

LA POSIZIONE DEL CORPO INFLUISCE SUL NOSTRO PROCESSO COGNITIVO

Se vuoi acquisire nuove conoscenze, la prossima volta siediti bene.

Lo dice un gruppo di studiosi del processo cognitivo dell'Indiana University, i quali hanno scoperto come la postura sia determinante per l'acquisizione di nuove conoscenze. I ricercatori hanno applicato un approccio innovativo: usando un modello robotico che simula i meccanismi di apprendimento e memoria del cervello dei neonati, sono stati in grado di studiare come gli "oggetti della conoscenza", cioè le parole o la memoria degli oggetti fisici, siano legati alla posizione del corpo.

Se si posizionano degli oggetti da memorizzare sempre nella stessa posizione, insegnando al bambino il tipo di postura, i piccoli imparano ad associare correttamente gli oggetti al proprio nome.

Al contrario, quando l'oggetto è stato mostrato in posizioni ogni volta differenti né i robot né i bambini sono stati in grado di apprendere correttamente, associando oggetto e nome con una probabilità statisticamente molto simile all'associazione casuale.

Lo studio dimostra quindi che la coerenza tra la postura del corpo e la relazione spaziale dell'oggetto nel momento in cui viene mostrato e nominato ad alta voce sono critiche perché la connessione tra l'oggetto e il nome avvengano con successo.

46

TONSILLE, UNA BARRIERA CONTRO I GERMI

Le tonsille si trovano sul retro della bocca e da sempre vengono incise e tolte dopo le prime infezioni.

Da molte ritenute superflue, per alcuni immunologi le tonsille sono dei tipi di adenoidi preziosi perché sono un organo immune: contrastano l'ingresso dei germi e sono importanti per una buona difesa dell'organismo. Quando vengono tolte non sempre il problema delle infezioni ricorrenti viene risolto, ma solo spostato nelle vie respiratorie più basse.

47

I PELI SUPERFLUI

Lo sapevi che la pelle d'oca è il risultato dell'innalzamento dei peli superflui?

Ma cosa questi tipi di peli?

Intorno al bulbo pilifero c'è il muscolo orripilatore, altro residuo del passato che tuttora ha un piccolo ruolo.

Quando eravamo coperti di pelliccia serviva a drizzare i peli per farci sembrare più aggressivi e isolarci meglio dal freddo; oggi la pelle d'oca, che deriva dalla contrazione degli orripilatori, è una risposta emotiva a sensazioni di piacere o di paura e contribuisce, seppure di poco, a mantenere più alta la temperatura corporea interna quando sentiamo freddo.

48

IL TUBERCOLO DI DARWIN

Il tubercolo di Darwin non è una scoperta del famoso scienziato Charles Darwin.

Il tubercolo, detto anche lobulo, è un ingrossamento dell'elice dell'orecchio e fu scoperto per la prima volta dallo scultore inglese Thomas Woolner.

Il tubercolo ci dava la possibilità di muovere le orecchie come fanno ancora tutt'oggi gli animali. Perciò questo ispessimento sul bordo del padiglione dell'orecchio esterno, che non tutti possiedono, potrebbe essere un residuo dell'articolazione per orientare le orecchie.

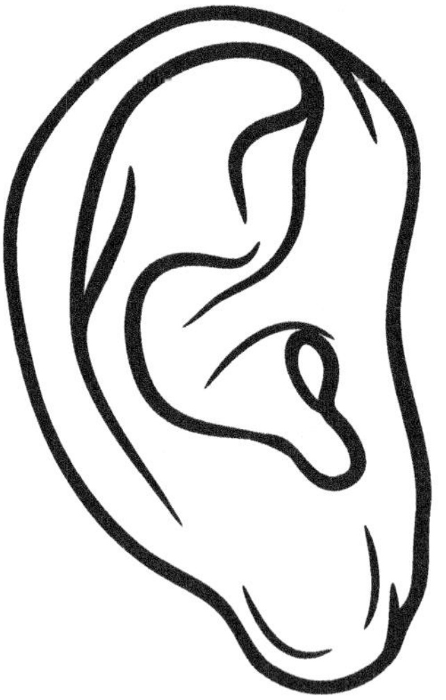

49

COS'È LA TERZA PALPEBRA?

Vicino alla ghiandola lacrimale è inserita la piega semilunare ed è considerata la nostra terza palpebra.

Questa è ben diversa dalle altre due palpebre dotate di ciglia, caratteristica speciale del solo essere umano, visto che tutti gli altri animali ne possiedono una soltanto.

La piega semilunare, secondo gli scienziati sarebbe un ricordo che ci è stato dato dagli uccelli, da alcuni pesci e dai rettili, è un tessuto trasparente che consente di proteggere e idratare l'occhio senza tuttavia impedire di vedere.

Da molti è considerata inutile, anche se in parte è utilissima per detergere e lubrificare l'occhio, proteggendolo per esempio da eventuali particelle di polvere che potrebbero graffiarlo e facilitando l'azione "pulente" delle lacrime.

50

QUANTI PROFUMI RICONOSCIAMO?

Un gruppo di ricercatori dell'Università di New York ha utilizzato 128 molecole odorifere di base per creare nuovi odori con lo scopo di dimostrare quanti profumi l'essere umano riesce a captare.

Non solo gli aromi classici come quello del caffè, limone o della mente, ma molti altri, grazie a 264 combinazioni di diversi odori.

Hanno sottoposto questo esperimento a 26 volontari non specialisti chiedendo di distinguere gli aromi degli odori.

Prova dopo prova, attraverso complessi calcoli matematici, gli scienziati sono arrivati al numero di odori che il naso umano riesce a distinguere: mille miliardi circa, una cifra pazzesca rispetto ai 10 mila che si credeva si percepisse finora.

51

LA FORZA DEGLI ANZIANI

La grande forza degli anziani è reale?
A volte gli anziani sembrano possedere una forza sovrumana nonostante la loro età.
Ma è davvero così? Alcuni pensano che la grande forza degli anziani possa essere spiegata con gli ormoni dello stress. In situazioni di stress, è possibile che si sviluppi una forza sovrumana.
Per esempio, nel 2009, Nick Harris del Kansas è riuscito a sollevare una macchina per liberare un bambino di sei anni che era rimasto intrappolato sotto il veicolo.
In questi tipi di situazione, il corpo va in modalità attacco o fuga, rilasciando ormoni come l'adrenalina.
Questi ormoni preparano l'organismo ad agire e aumentano l'allerta e i processi di velocità. Velocizzano anche il flusso sanguigno e i processi neurali. Nel complesso, queste sono risposte che possono culminare in una grande potenza e forza muscolare.
I risultati dell'aumento nella produzione di adrenalina col passare degli anni potrebbero spiegare l'apparente abilità di un uomo anziano di compiere grandi imprese di forza.

52

DORMIRE RENDE PIÙ INTELLIGENTI

Dormire ti rende più intelligente!

Non è uno scherzo e sì, da oggi hai finalmente una scusa valida per poter poltrire nel letto fino a tardi senza che nessuno ti dia del pigrone o della nulla facente, poiché a dire che il sonno fa bene è la scienza.

In realtà lo studio realizzato dalla dottoressa Sara Mednick, e pubblicato negli atti della National Academy of Sciences, è andato addirittura oltre, rivelando anche che le persone più intelligenti sognano cose particolari come il lavoro o il momento in cui ricevono una promozione (quindi attenzione a cosa pensi poco prima di chiudere gli occhi).

53

PERCHÈ LE STELLE BRILLANO

Ti sei mai chiesto perché le stelle brillano?
Non è di certo una nostra illusione ottica.
La scienza ci spiega che la brillantezza di una stella è data dalla luce che il corpo celeste emana nella nostra atmosfera, che a sua volta viene deviata o rifratta più volte in diverse direzioni.
Ed è proprio il processo di rifrazione il motivo per cui non vediamo le stelle muoversi o luccicare.
Il nome scientifico di questo fenomeno è scintillazione stellare.
Tuttavia, se noi osservassimo le stelle dallo Spazio, non brillerebbero perché lì non c'è l'atmosfera che devia la luce.

54

GLI HOBBIT ESISTONO?

Non ci troviamo nella Terra di Mezzo ma nel nostro Pianeta Terra. E sì, dei piccoli esseri umani, simili agli hobbit, sono stati ritrovati intorno ai primi anni 2000.

Fino a quel momento gli scienziati pensavano che l'Homo sapiens (ovvero noi) fosse l'unica specie mai esistita sulla faccia della Terra. Tuttavia, non avevano fatto i conti con il cugino del sapiens, cioè l'uomo di Neanderthal.

Questo nostro antenato è alto un metro ed è stato ritrovato sull'isola indonesiana di Flores.

Lo scheletro è stato datato tra i 100.000 e i 60.000 anni fa e fu chiamato Hobbit di Flores proprio in omaggio agli Hobbit inventati da J.R.R. Tolkien che erano bassi.

55

TUTTO SU UN FULMINE

La temperatura più elevata misurata nel canale del fulmine per un milionesimo di secondo è di 30.000 gradi Celsius.

È il quadruplo della temperatura del sole! Normalmente, il fulmine ha un diametro visibile di alcuni centimetri ed è molto difficile determinarlo esattamente con l'ausilio della fotografia.

I fulmini verticali hanno una lunghezza media di cinque/sette chilometri, quelli orizzontali da otto a sedici chilometri.

Con l'ausilio di apparecchi radar sono stati misurati fulmini orizzontali lunghi fino a 140 chilometri.

All'interno delle nuvole i fulmini possono presentare lunghezze di qualche metro.

56

PERCHÈ SI SOGNA?

Perché si sogna?

A spiegarci come funziona questo processo è la onirologia, la scienza dei sogni.

Sul perché noi combiniamo immagini, idee e stati d'animo non è ancora stato pienamente compreso, ma per lo meno sappiamo quando sogniamo.

Solitamente, la nostra esperienza onirica si svolge durante la fase Rem (Rapid Eye Movement).

Proprio in questa fase l'attività del nostro cervello è molto elevata, tanto quanto se dovessimo essere svegli.

Durante il Rem i nostri occhi si muovono costantemente anche se stiamo dormendo, ma i sogni possono verificarsi anche in altri momenti del sonno; saranno meno chiari e più difficilmente "ricordabili".

L'individuo medio fa tra i tre e i cinque sogni per notte.

57

BIG BANG

L’Universo si è formato grazie ad un grande botto chiamato appunto Big Bang.

Questa teoria è stata elaborata nel 1930. Secondo questo modello cosmologico, il cosmo sarebbe nato grazie a un’esplosione singolare in una regione di spazio molto limitata e densa, dove tutta la massa era inizialmente concentrata sotto forma di energia in condizioni di temperatura estremamente elevata.

In un istante iniziale detto tempo zero (t=0) l'esplosione della singolarità fece espandere lo spazio, la massa e l'energia a gran velocità e in tutte le direzioni, dando origine all'Universo come noi lo conosciamo.

Questa grande esplosione dovrebbe essersi verificata circa 13,7 miliardi di anni fa.

58

C'È ACQUA SULLA LUNA

Da quanto emerge da uno studio condotto dai ricercatori dell'Università dell'Alaska, l'acqua che troviamo sulla Luna verrebbe direttamente dalla Terra.

Le molecole d'acqua presenti sul nostro satellite potrebbero provenire dalla combinazione degli ioni idrogeno e ossigeno sfuggiti alla parte più esterna dell'atmosfera della Terra e che in seguito si sono depositati sulla superficie lunare.

Questa ricerca è risultata molto utile al progetto Artemis della Nasa, che tra i suoi obiettivi ha quello di trovare un modo di estrarre l'acqua dalla superficie lunare, in vista delle permanenze umane a lungo termine sul nostro satellite.

In sostanza, è come se sulla Luna "piovessero" gli ioni idrogeno e ossigeno, capaci poi di formare l'acqua anche allo stato liquido.

La Nasa infatti, attraverso alcuni rilevatori di nuova generazione, ha rilevato sulla Luna ghiaccio o acqua in fase liquida.

59

DA QUANTI ATOMI È COMPOSTO IL NOSTRO CORPO?

In un essere umano dalla corporatura media, diciamo di 70 kg, ci sono 7 miliardi di miliardi di miliardi di atomi, ossia 7 seguito da 27 zeri (7 x 1027).

Gli atomi che compongono un corpo umano rappresentano per lo più tre elementi: idrogeno (che rappresenta il 65% degli atomi contenuti nel corpo umano), ossigeno (24%) e carbonio (10%). Il restante 1% include vari elementi tra cui azoto, calcio, fosforo, zolfo e sodio.

Inoltre, il corpo umano, essendo un copro solido come qualsiasi altro oggetto, è costituito dal vuoto.

Il vuoto è una delle caratteristiche principali dell'atomo: la maggior parte di quella molecola è fatta dallo spazio vuoto che intercorre tra il nucleo in cui sono presenti il neutrone e il protone e la parte esterna, rappresentata dalle orbite dell'elettrone.

60

LE DIMENSIONI CONTANO: CHI HA IL CERVELLO PIÙ GRANDE È PIÙ INTELLIGENTE

Più un essere vivente ha un cervello di grandi dimensioni rispetto al corpo, più l'essere in questione otterrà risultati migliori nei compiti di problem solving: hanno cioè un'intelligenza più adatta a cercare soluzioni a situazioni problematiche.

Alcuni esperimenti dimostrano che cervelli più grandi consentono migliori capacità di ritenzione mnemonica, ma non è detto che una memoria più efficiente sia sinonimo di intelligenza.

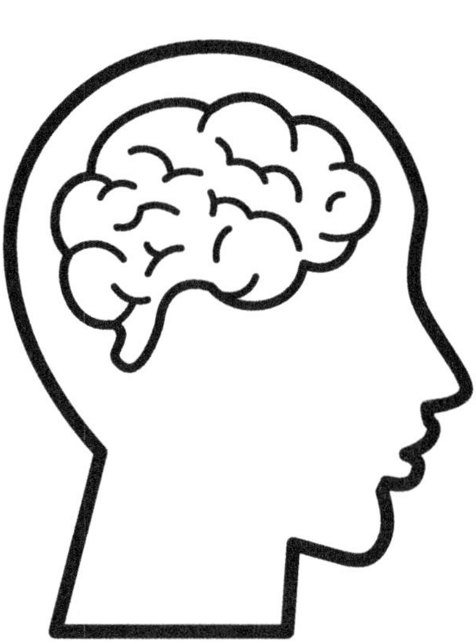

Alcuni scienziati hanno cercato di comprendere come le dimensioni del cervello siano strettamente collegate alla capacità di problem solving, così hanno sottoposto 140 esemplari appartenenti a 39 diverse specie di mammiferi carnivori a un test: aprire una scatola di metallo contenente il proprio cibo preferito, facendo scivolare un chiavistello.

I mammiferi che sono stati sottoposti al test comprendevano lupi, tigri, orsi, leopardi.

I test hanno dimostrato che le dimensioni del cervello relativamente alla massa corporea sono un buon predittore del successo nei compiti di problem solving: i mammiferi carnivori con cervelli più sviluppati sono anche i più lesti nell'aprire la scatola.

61

PERCHÈ LE PERSONE ANZIANE HANNO SEMPRE FREDDO

Gli anziani avvertono il freddo in maniera diversa rispetto alle persone più giovani. La continua sensazione di freddo negli anziani è dovuta alle modificazioni fisiologiche che si verificano con l'avanzare dell'età e che portano la persona anziana ad avere sempre freddo e brividi.

La percezione della temperatura esterna varia da persona a persona ed è influenzata da diversi fattori tra i quali l'età.

Quando una persona anziana ha sempre freddo, anche se la temperatura esterna non è poi così rigida, e non presenta altri sintomi tra cui la febbre, non c'è da preoccuparsi più di tanto poiché vi è una spiegazione fisiologica alla continua sensazione di freddo negli anziani.

Ci sono diversi motivi per i quali una persona anziana ha sempre freddo: con l'avanzare dell'età il sangue diviene meno fluido e vi è un rallentamento della circolazione sanguigna che comporta una minore distribuzione di calore; la riduzione della massa muscolare comporta una minore produzione di calore;

la cute degli anziani è più sottile rispetto a quella delle persone più giovani e questo fa sì che il poco calore prodotto venga disperso più facilmente provocando una frequente sensazione di freddo alla schiena; la ridotta produzione di sebo negli anziani (il sebo ha la funzione di isolare l’organismo dall'ambiente esterno, riducendo da dispersione del calore).

62

IL CERVELLO NON È MULTITASKING

Sfatiamo un'altra leggenda popolare: il nostro cervello non può fare 2 attività cognitive nello stesso momento, perché l'attività cerebrale è molto lesta a passare da un'attività ad un'altra. Perciò non è vero che quando facciamo più cose contemporaneamente siamo molto più intelligenti di altri.

Tutte le volte che il cervello porta l'attenzione su una attività, per tale attività il cervello deve riprogrammare l'obiettivo, gli strumenti, i passi da compiere per raggiungere l'obiettivo e qual è il prossimo passo da fare.

Secondo la scienza, tutto questo movimento del cervello nel passare informazioni da un'attività all'altra, lo danneggerebbe.

Anche se non avverti il danno biologico, sicuramente avrai notato che se fai più cose contemporaneamente rischi di farle tutte male!

63

I FUOCHI D'ARTIFICIO, UNA STORIA DI SCIENZA

Tutto comincia all'interno di una cucina circa duemila anni fa.

Il cuoco in procinto a cucinare un pasto caldo per i suoi commensali mescolò per errore tre ingredienti comuni in cucina: carbone, zolfo e nitrato di potassio (quest'ultimo, comunemente conosciuto come salnitro, è stato a lungo usato in cucina per la conservazione del cibo).

Quando i tre agenti chimici si amalgamarono per bene nella pentola produssero una grande esplosione: un fatto non così sorprendente, dal momento che la sostanza creata dal miscuglio era essenzialmente ciò che oggi chiamiamo polvere da sparo!

Con il passare degli anni molte persone presero questa polvere da sparo e la infilarono all'interno di canne di bambù e, a causa della pressione dovuta ai gas in espansione, l'esplosione fu addirittura più grande.

Ecco che fu inventato uno dei componenti più utili dei fuochi d'artificio!

64

LA COCA-COLA

John Pemberton era un soldato che era rimasto ferito durante la Guerra civile americana.

Dopo il conflitto, Pemberton si trovava in uno stato di povertà assoluta e cercava di racimolare qualche soldo attraverso le sue conoscenze chimiche.

In questi anni svolse un certo numero di esperimenti per sviluppare un antidolorifico da presentare sul mercato.

Tutti i suoi esperimenti fallirono, fatta eccezione per una ricetta a base di cocoa, che si riteneva capace di rilassare il sistema nervoso.

Questa bevanda medicinale era l'antenata della celebre Coca-Cola e Permberton vendette la ricetta.

Fu un uomo d'affari, e non uno scienziato, che trasformò il drink nel marchio colossale che conosciamo oggi.

65

IL NOSTRO CORPO È FATTO DI ELEMENTI CHIMICI

Il nostro corpo, come ogni altra cosa al mondo, è costituito di elementi chimici.

I più comuni al suo interno sono l'idrogeno, il carbone, l'ossigeno, il calcio, il nitrogeno e il fosforo.

Meno dell'uno per cento di noi è fatto di potassio, cloro, magnesio, zolfo e sodio.

È davvero interessante pensare che gli elementi che utilizziamo più spesso in laboratorio sono anche presenti nel nostro corpo!

Ma se dovessimo scomporre il nostro corpo in atomi e molecole, il valore complessivo di questi elementi sul mercato non ci farebbe onore.

Nel 1920, un chimico scoprì che l'insieme di questi elementi combinati aveva sul mercato il prezzo poco lusinghiero di 0.85€.

Oggigiorno, varremmo probabilmente poco più di un euro. Ovviamente stiamo parlando da un puro punto di vista chimico, poiché la vita e l'insieme di forze, conosciute o misteriose, che ci permette di essere gli individui che siamo non è certo quantificabile in denaro.

66

IL CARBONE È L'ELEMENTO PIÙ COMUNE NEL NOSTRO CORPO?

Il carbone è il secondo elemento più comune nel corpo umano.

Questo non dovrebbe sorprenderci, dal momento che il carbone è l'elemento della tavola periodica più diffuso nel nostro pianeta.

Studiato dagli scienziati per centinaia di anni, il carbone ha mille e un impiego; dagli idrocarburi usati nel petrolio ai polimeri utilizzati per fare la plastica, per fare alcuni esempi.

Ma ecco un fatto abbastanza strabiliante: con il carbone contenuto all'interno del tuo corpo si potrebbero fabbricare circa 10.000 matite!

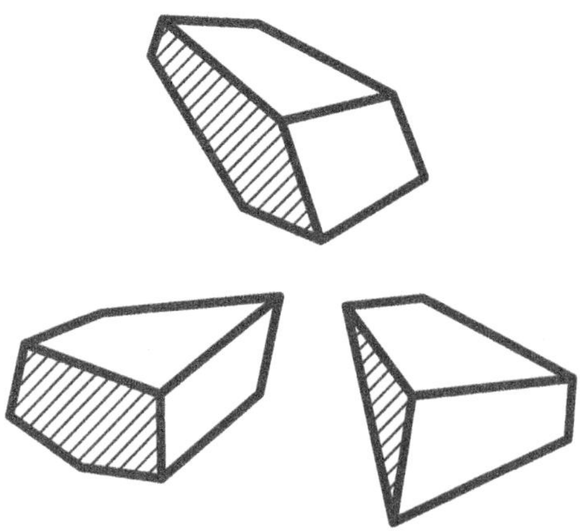

67

GLI ATOMI FURONO SCOPERTI NEL 400 A.C.

Gli atomi furono scoperti intorno al 400 a.C. da Democrito, uno scienziato naturalista della Grecia Antica, nominato come il precursore, o meglio, padre della scienza moderna.

Ma come poteva l'umanità capire cosa accade a livello microscopico senza le conoscenze adatte? Per Democrito l'intuizione fu abbastanza fortunosa.

Si sarebbe dovuto aspettare il diciottesimo secolo affinché la teoria atomica fosse accettata dalla comunità scientifica, grazie al lavoro di John Dalton.

68

IL VETRO È UN LIQUIDO

Il vetro nasce allo stato liquido.

Niente di così stravolgente, è una conoscenza comune ma per questo non meno interessante.

Il vetro si ottiene raffreddando molto rapidamente un fluido incandescente.

Dal momento che questo raffreddamento avviene velocemente, la sostanza non si cristallizza.

Di conseguenza i legami chimici nella sua struttura molecolare si fanno più stabili, visto che gli elettroni non hanno più l'energia termica necessaria per muoversi liberamente.

Quindi anche se non sembra, il vetro scorre come un liquido.

Il suo scorrimento va ad una velocità che richiederebbe milioni di anni per fare ciò che l'acqua può fare in un momento.

69

QUANTI ATOMI CI SONO NELL'UNIVERSO?

Molti fisici concordano nel dire che nell'intero Universo ci sono all'incirca un centinaio di quintilioni di atomi. Il numero qui sopra si scrive 100.000.000.000.000.000.000.000.000 o 10 moltiplicato 80 per volte per se stesso.

Un numero enorme.

Tuttavia, per quanto grande possa apparire questa cifra, il numero di mosse possibili al gioco degli scacchi la supera, essendo infatti pari a 10 moltiplicato 123 per volte per se stesso.

Questo numero è solo una stima fatta da un matematico che voleva insegnare gli scacchi a un'intelligenza artificiale.

È basata su una media di circa trenta mosse possibili in ogni fase del gioco, con ogni partita che prevede all'incirca 80 mosse.

La scienza e la ricerca riescono sempre a mettere sulla tavola della conoscenza dei fatti sorprendenti, mostrano come la vita e l'Universo possano alle volte essere totalmente imprevedibili, e come la cieca fiducia nelle nostre convinzioni possa indurci in errore.

70

IL GALLIO SI SCIOGLIE IN MANO

Anche se potrebbe sembrare un materiale poco interessante e sebbene possa essere ignoto ai più, il gallio in verità nasconde più di qualche interessante segreto.

Come la maggior parte degli altri metalli, il gallio è solido a temperatura ambiente (o liquido, se è in una stanza troppo calda).

Ma, se lo tieni in mano per un tempo sufficiente si scioglie ma non ti avvelena come farebbe il mercurio.

Questo è causato del suo punto di fusione insolitamente basso di circa 29 gradi Celsius, e quindi si scioglie attingendo calore da un corpo umano, la cui temperatura è normalmente attorno ai 37 gradi.

71

SU MARTE CI SONO RISERVE DI ACQUA LIQUIDA

Su Marte ci sono riserve di acqua liquida permanenti.

Un team tutto italiano costituito da ricercatori dell'Istituto nazionale di astrofisica (Inaf), Agenzia spaziale italiana (Asi), Università di Roma Tre, Cnr, Università di Chieti e Università di Roma La Sapienza ha reso pubblica la scoperta di un bacino d'acqua allo stato liquido sotto la calotta di ghiaccio del Polo Sud marziano.

Un lago situato a circa un chilometro e mezzo sotto la superficie ghiacciata del pianeta rosso, largo una ventina di chilometri e profondo almeno qualche metro è stato individuato grazie ai dati raccolti da Marsis (Mars Advanced Radar for Subsurface and Ionosphere Sounding).

Marsis è il radar a bassa frequenza, anch'esso un'idea italiana, installato a bordo della sonda europea Mars Express.

72

IL BISMUTO

Il bismuto è un metallo pesante, fragile e di colore bianco-roseo.

Ha una bassa temperatura di fusione e questo permette di creare facilmente cristalli dalle forme particolari che, per ossidazione superficiale, assumono una colorazione iridescente.

La sua densità allo stato liquido è maggiore che allo stato solido, come avviene per l'acqua.

Il bismuto è utilizzato principalmente in campo siderurgico, ma per la sua limitata tossicità viene impiegato anche in cosmetica per realizzare rossetti e lucidalabbra, mentre in medicina si utilizza per produrre farmaci antiacidi.

È stato recentemente scoperto che può anche essere usato come catalizzatore per convertire l'anidride carbonica in acido formico, sostanza chimica che ha molti impieghi dell'industria chimica, o in liquidi combustibili, simili alla benzina.

Il bismuto potrebbe dunque contribuire a ridurre l'aumento dei livelli di anidride carbonica nell'atmosfera e fornire percorsi sostenibili per la produzione di carburanti.

73

POLVERE DI STELLE

La polvere di stelle non è altro che il residuo che una stella libera nell'Universo al momento della sua esplosione in supernova.

La polvere delle stelle esplose miliardi di anni fa si è espansa nell'Universo, per cui è più rarefatta, mentre è più densa la polvere delle stelle esplose recentemente.

Gli astronomi stimano che le prime stelle si siano formate quando l'Universo aveva appena 400 milioni di anni (400 m.d.a post Big Bang), quindi 13,4 miliardi di anni fa.

Laporte e i suoi colleghi stimano che la polvere di stelle rilevata in A2744_YD4 sia pari al peso di circa 6 milioni di volte la massa del nostro Sole.

74

CARO COME IL LUTEZIO

Il prezzo degli elementi dipende molto dall'andamento del mercato.

Al momento, tra gli elementi naturali, il più costoso è il lutezio.

Il suo valore si aggira sui 100 dollari al grammo o se preferite 10mila dollari all'etto.

Pensa che l'oro vale circa la metà!

Naturalmente questa classifica esclude tutti gli elementi sintetici che hanno prezzi molto più alti e che vengono fissati in base alla difficoltà di realizzazione.

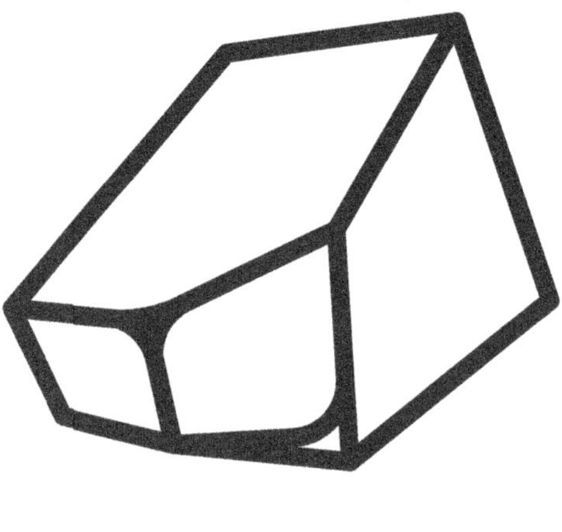

75

L'ELEMENTO CHIMICO PIÙ DENSO

Il mercurio non è l'elemento chimico più pesante.

Certo, ha un peso di tutto rispetto e con i suoi 13,58 grammi al centimetro cubo si piazza in alta classifica, ma non di certo sui gradini più alti del podio.

Anche il piombo non è uno degli elementi più pesanti infatti si ferma a 11,34 grammi al centimetro cubo.

In realtà la domanda su quale sia l'elemento chimico più denso non è affatto banale nemmeno per gli scienziati perché ci sono due concorrenti abbastanza alla pari.

Secondo alcuni scienziati l'osmio è l'elemento più pesante, che si stima abbia una densità di 22,61 grammi al centimetro cubo.

Mentre per altri ricercatori è l'iridio che dovrebbe stare a 22,65.

Tuttavia, trattandosi di misure indirette, con una discreta incertezza e molto vicine, la vittoria dell'iridio non è detto sia definitiva.

76

IL COVID INFIAMMA IL CERVELLO

Secondo un team di ricercatori dell'Università del Queensland il famoso virus del 2019/2020 colpisce l'insieme di cellule immunitarie del cervello.

Il team ha fatto moltiplicare cellule della microglia in laboratorio e le ha poi infettate con il SARS-CoV-2: all'interno delle cellule si sono formati inflammasomi, complessi multiproteici capaci di attivare una serie di reazioni infiammatorie che producono, in ultimo luogo, la morte cellulare.

Con il tempo e nelle persone predisposte a sviluppare malattie neurodegenerative, questa silenziosa ecatombe di neuroni può favorire l'insorgere di condizioni come le demenze o il Parkinson.

77

SI DORME SEMPRE MENO

Tra il 1915 e il 2008, l’Università di Adelaide ha esaminato oltre 5 mila ricerche effettuate in 22 Paesi su più di 700.000 soggetti tra bambini e ragazzi di età comprese fra i 5 e i 18 anni, arrivando a sostenere che le persone in questione hanno perso 75 minuti di sonno a notte (pur con grandi variazioni a seconda dell'area geografica).

I dati sono preoccupanti perché la carenza di sonno può comportare danni al nostro corpo, in particolare sull'apprendimento e sul comportamento.

I ricercatori inoltre, sono stati in grado di collegare questi problemi ad anomalie strutturali molto precise, identificate tramite la risonanza magnetica.

78

UNA NUOVA LEGA DI ALLUMINIO PER LE NAVICELLE SPAZIALI

La prima cosa da fare quando si sta organizzando una missione spaziale è proteggere gli astronauti dalle radiazioni, che sono generalmente causate dalle particelle energetiche solari o dai raggi cosmici galattici. Quindi come fare? Basta trovare il materiale che più può proteggere la navicella spaziale.

Ma in tutto questo bisogna scegliere un elemento che non sia troppo pesante, che abbia una resistenza termica, che sia facile al momento del montaggio. Ecco che alcuni studiosi dopo anni di ricerche hanno scoperto una lega di acciaio che non si fonde a temperature oltre i 200°C.

Questo fa sì che il materiale diventi molto più flessibile e resistente, e schermi le radiazioni cento volte meglio della lega di alluminio 6061, attualmente la più utilizzata nella costruzione di navicelle spaziali.

79

LA SCIENZA E GLI UFO

La curiosità della NASA circa la scoperta di nuove creature è da sempre la missione principale.

A fine ottobre 2022, la NASA ha dato il via al gruppo di persone reclutate per cercare la migliore strada per studiare i fenomeni inspiegabili che sono stati visti nei cieli di tutto il mondo.

La speranza è di trovare, se non una risposta alle segnalazioni, almeno un modo scientifico per studiarli in futuro.

Il loro lavoro servirà per aiutare l'agenzia spaziale americana ad "elaborare conclusioni scientifiche" in grado di spiegare ciò che si osserva.

Tale missione della NASA durerà all’incirca nove mesi, dopo di che i risultati saranno resi visibili all’intera umanità.

80

COS'È UNA BOMBA SPORCA?

Una bomba sporca non è né una bomba che esplode attraverso l'energia nucleare e nemmeno attraverso la fissione o fusione come le bombe di idrogeno.
Il potenziale esplosivo è molto inferiore rispetto alle bombe sganciate su Hiroshima e Nagasaki, ma il materiale radioattivo che si diffonde nel luogo è altamente devastante sia per l'ambiente che per l'aria.
La cosa certa è che è sempre molto pericolosa!

81

LE NAVI INQUINANO MENO

Anche gli oceani hanno le loro "scie chimiche": sono quelle lasciate dalle navi da carico durante la loro navigazione.

A guardarle ci pensano i satelliti che possono così seguire le trafficate rotte marittime del nostro Pianeta, dal Pacifico settentrionale al Mar Mediterraneo.

Dal 2020, però, qualcosa è cambiato.

I rilevamenti dallo Spazio hanno mostrato una riduzione dell'inquinamento che quelle nubi trasportano con sé, al punto che in molti casi sono scomparse del tutto.

Nello stesso hanno infatti, l'Organizzazione marittima internazionale (Imo), ha introdotto un regolamento che limita dell'86 per cento il contenuto di zolfo che può essere emesso dalle navi.

Gli effetti si sono visti appunto via satellite: la quantità di scie delle navi è dimezzata.

82

IL FARMACO CHE ALLUNGA LA VITA

Degli scienziati cinesi hanno sviluppato un farmaco che simula gli effetti del digiuno nelle cellule, facendo così attivare un enzima che regola il consumo di energia e riduce l'accumulo di grasso.

Il composto chimico utilizzato, che ha esteso l'aspettativa di vita sana in topi e vermi, potrebbe essere utilizzato negli umani anche come terapia per trattare disturbi metabolici come il diabete e il fegato grasso (l'eccessivo accumulo di trigliceridi nelle cellule epatiche).

Il farmaco, chiamato aldometanib, è riuscito ad estendere l'aspettativa di vita sana dei nematodi (o vermi cilindrici) da 18 a 26 giorni, e dei topi di almeno il 7,5%.

83

TOERIA DEL COMPLOTTO DELLE SCIE CHIMICHE

Le scie chimiche sono quelle linee di condensazione che gli aerei lasciano nell'atmosfera terrestre quando sono in volo.

I complottisti dicono che in queste scie, i poter forti che governano il mondo, abbiano inserito degli agenti chimici o biologici per danneggiare l'umanità.

Queste teorie sono state rimbalzate su tutti i mass media da alcuni anni, tanto che gli stessi Stati nazionali hanno dovuto smentire anche con discussioni parlamentari queste fantomatiche teorie.

Anche se sembra strano, questa credenza nel 2011 ha raggiunto il 17% della popolazione mondiale.

84

LA STORIA DELLA TAVOLA PERIODICA DEGLI ELEMENTI

Da dove nasce esattamente la tavola periodica? La storia di questa invenzione fondamentale per la Scienza nasce nel XIX secolo.

Per primo fu Dobereiner, nel 1817, il quale scoprì che calcio, bario e stronzio avevano proprietà simili e per questo definì triade questo gruppo di tre elementi.

Poi Newlands, nel 1863, disponendo degli elementi in ordine crescente di massa atomica suddivise gli elementi in sette gruppi.

Nel 1871 i due scienziati Mendeleev e Meyer arrivano a costruire una tavola disegnata in 8 colonne, dove all'interno di essere venivano raggruppati gli elementi con caratteristiche simili.

39.948 18	126.9044 53	(252) 99
Ar	I	Es
Argon	Iodine	Einsteinium

85

IL GATTO DI SCHRODINGER

Cos'è il gatto di Schrödinger?

Lo scienziato tedesco Schrödinger studiò un sistema per mettere in evidenza il principio di sovrapposizione, il primo postulato della meccanica quantistica.

Questa legge della fisica afferma che due o più stati quantistici possono essere sovrapposti dando come risultato uno stato quantistico altrettanto valido.

Per comprendere il paradosso bisogna considerare il gatto come un insieme di atomi e quindi bisogna focalizzarsi su come sono fatte le particelle all'interno degli atomi.

Proprio perché in questa materia (la meccanica quantistica) non si può descrivere gli oggetti nello stesso modo della meccanica classica, quindi si arriva al risultato finale attraverso una interpretazione probabilistica: la singola particella in un determinato istante non si trova in una sola posizione, ma si considera che si possa trovare in tutte le posizioni che essa può assumere in quel determinato istante.

86

I CRISTALLI DI NEVE

Avete mai guardato la neve al microscopio?

La neve è formata piccolissimi cristalli, ovvero molecole di acqua ghiacciata orientate in un certo modo specifico, ordinate e simmetriche. Dobbiamo distinguere i cristalli di neve dai fiocchi di neve, in quanto i fiocchi si formano dall'insieme dei cristalli che si uniscono dando vita al fiocco di neve.

Un'altra questione che incuriosisce molte persone è per quale motivo la neve è di colore bianca.

Tutto dipende dalla luce solare che illumina il fiocco cristallizzato.

87

PERCHÈ LE NAVI GALLEGGIANO

Le navi galleggiano grazie alla loro densità.

Tutti gli oggetti del mondo galleggiano grazie al concetto fisico di galleggiabilità.

Qualsiasi oggetto galleggerà o affonderà nell'acqua a seconda della sua densità.

Se è più denso dell'acqua affonda; se è meno denso galleggia.

Ed è per questa formula fisica che le dimensioni dell'oggetto non contano.

Un chicco di riso affonda nell'acqua, mentre un pezzo di legno galleggerà.

La regola di base è che un oggetto affonda se pesa più di una quantità d'acqua pari al volume dell'oggetto.

88

PERCHÈ VEDIAMO LE ECLISSI SOLARI

Quando la Luna si inserisce in mezzo tra il Sole e la Terra avviene un'eclissi solare.

Se invece la Luna e il Sole combaciano nella loro posizione si avrà un'eclissi solare totale.

Le conseguenze dell'eclissi le conosciamo tutti: la luce scompare fino a portarci in uno stato di oscurità, anche se le stelle sono perfettamente visibili.

Le eclissi solari totali sono eventi molto rari. Vederne una nella vita è già abbastanza difficile, mentre vederne più di una è quasi impossibile. Molti si chiedono che a governare i movimenti di Sole e Luna sia qualche legge fisica, in realtà è pura coincidenza.

89

CHARIKLO

Nel 1997, tra Saturno e Urano, è stato scoperto un asteroide di 250 chilometri di diametro.

Si chiama Chariklo ed è il primo corpo del sistema solare diverso dai pianeti giganti dotato di un sistema di anelli.

Gli anelli sono davvero larghi, il primo misura sette chilometri e il secondo tre chilometri, separati da una fascia vuota larga nove chilometri.

Chariklo appartiene alla classe dei Centauri, corpi ghiacciati di dimensioni relativamente ridotte situati su orbite moderatamente ellittiche nella regione dei pianeti giganti.

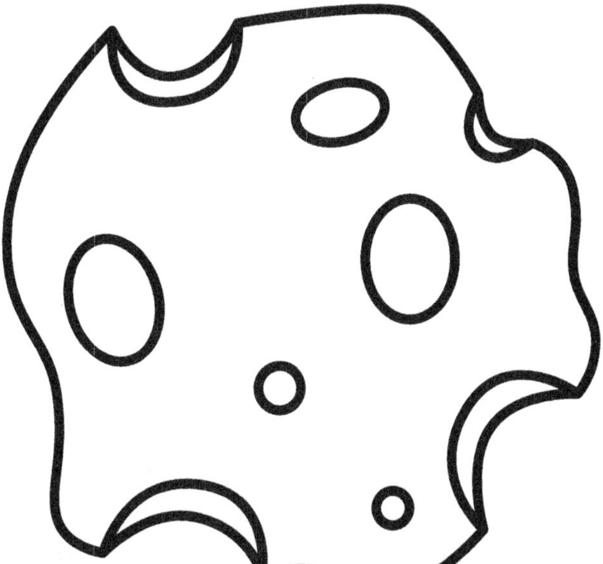

90

I WORMHOLE

Cosa sono i wormhole?
Letteralmente viene tradotto dall'inglese con "buco di verme" e sono dei collegamenti tra due punti dello spazio.
Questi tunnel vennero scoperti per la prima volta da Albert Einstein come soluzione delle equazioni di campo.
Infatti, dallo scienziato tedesco naturalizzato statunitense, questi tunnel venivano chiamati anche ponti.
Ma quale sarebbe la loro funzione principale? Ancora non si conosce la vera funzione, ma nella pratica se una persona dovesse entrare in un'estremità del tunnel si potrebbe uscire quasi istantaneamente all'altro punto, nonostante questi due punti possano essere separati miliardi di anni luce.

91

L'ARCOBALENO

Un arcobaleno si forma attraverso il processo di diffrazione della luce.

La luce che scarica a terra il sole viene chiamata luce bianca, cioè una radiazione luminosa contenente tutte le lunghezze d'onda possibili. Con la diffrazione, queste radiazioni vengono divise in colori diversi. Noi vediamo in modo molto visibile le prime 7 bande di colore durante il fenomeno.

Queste lunghezze d'onda diffrante è la dimostrazione che il nostro occhio è in grado di percepire da una frequenza di circa 400 nm (blu-violetto) fino ai 700 nm (rosso-arancio).

I due numeri appena citati dimostrano la differenza tra frequenze infrarosse e ultraviolette. Al di sopra dei 700 nm si parla di frequenze infrarosse, al di sotto dei 400 nm si parla di frequenze ultraviolette.

92

IL GIROSCOPIO

Questo strumento usato specialmente nei laboratori di fisica, si basa sul principio della legge di conservazione del momento angolare secondo cui il momento angolare di un sistema rimane costante a meno che agisca su di esso una forza esterna.

Quando questo accade il corpo tende a mantenere un orientamento fisso, con l'asse che punta nella direzione della rotazione.

93

PERCHÈ LA LUNA È VISIBILE AL MATTINO?

Noi riusciamo a vedere la Luna al mattino grazie alla luce, perché riflette la luce del Sole e la sua vicinanza alla Terra la rende più luminosa del cielo diurno o notturno.

Solitamente noi riusciamo a vedere la Luna alla mattina per una media di 25 giorni al mese durante tutto l'anno.

Ovviamente, la visibilità del nostro principale satellite nel periodo invernale è influenzata anche da altri fattori come le stagioni, la fase lunare e la limpidezza del cielo.

94

PERCHÈ L'OLIO GALLEGGIA SULL'ACQUA

L'olio che galleggia sull'acqua è l'esperimento fisico più abusato di tutti.

In questo esperimento il focus è la differenza di densità: se una delle due sostanza pesa di più, questa allora andrà sopra alla sostanza che pesa meno.

Ovviamente le due sostanze non devono essere 'miscibili', ovvero non mescolabili.

Per quanto riguarda l'acqua e l'olio, queste due sostanze hanno una densità diversa: l'acqua è più densa dell'olio per cui la seconda sostanza galleggerà sulla prima.

95

QUANTI HAMBURGER DOVREMMO MANGIARE PER SALVARE IL PIANETA

In un nuovo rapporto del World Resource Institute (WRI), così come riporta anche il Guardian, è stato calcolato il numero di hamburger che possono essere mangiati a settimana senza distruggere il pianeta.

C'è una buona e una "cattiva" notizia per tutti gli amanti della carne, poiché il documento fa luce su una situazione insostenibile.

La buona notizia è che possono essere mangiati due hamburger a settimana, mentre la "cattiva" è che questa è la quantità settimanale.

In poche parole, così come consigliano anche le linee guida degli istituti di sanità, per salvare il nostro pianeta (tra le tante cose) ogni essere umano del mondo civilizzato dovrebbe mangiare carne due volte a settimana.

96

L'APPENDICE

L'appendice è uno degli organi meno studiati e considerati inutili dagli scienziati perché non ha nessun compito all'interno del nostro roganismo, tanto che quando si infiamma viene immediatamente rimossa.

Tuttavia, l'appendice rappresenta uno di quegli organi che l'organismo dell'uomo moderno non utilizza, ma che per i nostri antenati invece era fondamentale.

L'appendice migliaia di anni fa ci aiutava a digerire le foglie ed è infatti questa la funzione che ritroviamo in vertebrati che si cibano principalmente di piante.

Ma gli esseri umani, essendo onnivori e quindi cibandosi sia di carne che di verdure, non è più indispensabile.

Anche se dagli ultimi studi, l'appendice, almeno all'uomo moderno, non aiuterebbe tanto nella fase di digestione di alcuni cibi, piuttosto ad immagazzinare un'utile flora batterica.

97

IL DNA DEI NOSTRI NONNI

Cos'è l'eredità epigenetica transgenerazionale? Sono le caratteristiche fisiche ereditate dal DNA dei nostri nonni.

Questa eredità trasmessa da generazione in generazione influenza la salute e lo stile di vita di un intero albero genealogico.

Gli studi non sono ancora completati, ma ci forniscono dei chiari elementi per capire come le caratteristiche fisiche dei nostri avi siano arrivate fino ai giorni nostri.

Oggi, in un nuovo studio pubblicato su una rivista, i ricercatori hanno scoperto che una comune modifica epigenetica fatta su dei nematodi, può essere tramandata attraverso tre generazioni attraverso lo sperma.

98

PERCHÈ LA BARA DI PIOMBO

Elisabetta II, la principessa Diana e il principe Filippo sono stati sepolti all'interno di una bara fatto di piombo.

Per quale motivo i reali di Gran Bretagna vengono sepolti in questo modo?

Questo tipo di pratica è antichissima, di quasi duecento anni fa, dove le tecniche di sepoltura erano molto distanti rispetto a quelle dei giorni nostri.

Ma il motivo risiede nella scienza.

Le bare rivestite di piombo rallentano la decomposizione del corpo mantenendo l'umidità al di fuori.

Il piombo non si distrugge e rimane ermetico, prevenendo la decomposizione, ma anche il rilascio di odori e gas.

99

MAI FARSI LA DOCCIA QUANDO C'È IL TEMPORALE

Quando le nuvole temporalesche si muovono sulla Terra generano una carica opposta nel terreno ed è proprio questo che attrae un colpo di fulmine verso il suolo.

Il percorso della scarica è solitamente quello di minor resistenza ed è molto probabile che le cose più conduttive (come il metallo) vengano colpite.

Nonostante stare dentro casa sia molto più sicuro di essere all'aria aperta, se una scarica colpisce la vostra casa, l'elettricità seguirebbe il percorso di minor resistenza al suolo.

Fili metallici o acqua nei tubi forniscono un comodo percorso conduttivo per l'elettricità, mentre la doccia (metallo e acqua) sarebbe lo sbocco perfetto.

I Centri degli USA per il controllo e la prevenzione delle malattie incoraggiano la popolazione a evitare tutte le attività acquatiche durante un temporale, perfino il lavaggio dei piatti. Insomma, durante una tempesta leggete un buon libro piuttosto.

100

LE FORMICHE SONO MEGLIO DEI PESTICIDI

Da alcuni risultati è emerso che le formiche possono rivelarsi molto utili per ben 16 tipologie di colture.

La loro utilità le porta ad avere un livello di contrasto ai parassiti addirittura più alto rispetto a quello dei pesticidi in commercio. Si tratta, tuttavia, di una capacità che viene a mancare nelle colture che producono "melata", ovvero una sostanza dolce nella quale invece le formiche tendono ad allevare gli afidi, insetti dannosi per le colture.

Come se non bastasse, in alcuni casi portano ad allontanare anche diversi impollinatori.

È quindi necessario comprendere e valutare per bene gli effetti delle formiche nelle varie colture perché non sempre la loro presenza è realmente efficace.

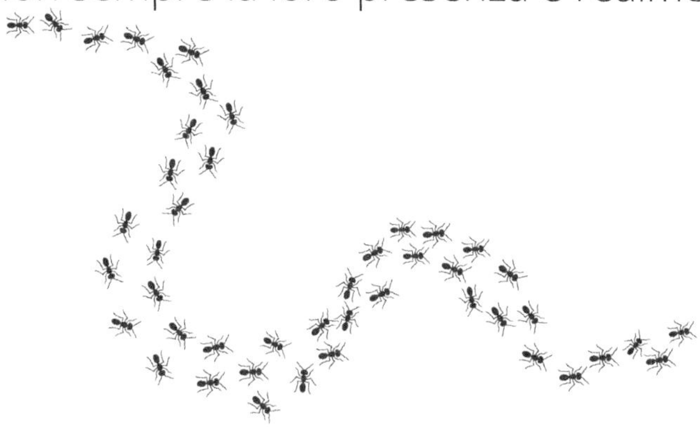

SMART FACTS ENCYCLOPEDIA È UN PROGETTO EDITORIALE MADE IN ITALY SPECIALIZZATO IN PUBBLICAZIONI PER BAMBINI, SVILUPPATO IN COLLABORAZIONE CON ESPERTI DEL SETTORE PER FORNIRE INFORMAZIONI DI QUALITÀ.

QUESTO PROGETTO NASCE DALL'ESIGENZA DI UNIRE L'APPRENDIMENTO IN ETÀ INFANTILE CON IL DIVERTIMENTO.

LA COLLANA EDITORIALE DEDICATA AI VARI 'FATTI INCREDIBILI' SUGLI ARGOMENTI PIÙ AMATI DAI BAMBINI QUALI ANIMALI, DINOSAURI, CALCIO E MOLTO ALTRO SI RIVOLGE A CHIUNQUE ABBIA UN(A) FIGLIO(A) IN ETÀ SCOLARE.

LA SODDISFAZIONE PIÙ GRANDE DI TUTTE SARÀ VEDERE IL PROPRIO BAMBINO DIVERTIRSI MENTRE LEGGE E IMPARA TANTE COSE UTILI DA UN BUON LIBRO E LONTANO DA UNO SCHERMO. NON CREDI?

SICURAMENTE LA TECNOLOGIA È UN MODO FACILE PER DISTRARLO E STIMOLARE LA SUA CREATIVITÀ, MA NON È SEMPRE LA SCELTA MIGLIORE.

SAI COS'È ANCORA PIÙ BELLO?
CHE TUTTO QUESTO LO AIUTERÀ AD OTTENERE QUELLE CAPACITÀ MENTALI E LOGICHE CHE GLI SERVIRANNO A SCUOLA PER TENERE L'ATTENZIONE SUI LIBRI E SULLO STUDIO!

LA VALIDITÀ DELLE INFORMAZIONI DI OGNI PUBBLICAZIONE È AVVALORATA DALLA POSSIBILITÀ DI POTER CONTARE SULLA COLLABORAZIONE DI PROFESSIONISTI CERTIFICATI IN AMBITO ISTRUTTIVO E PEDAGOGICO CHE RUOTANO INTORNO A 'SMART ENCYCLOPEDIA FACTS'.

UN TEAM DI STRAORDINARIO VALORE CHE CONTINUA A FORMARSI GIORNO DOPO GIORNO.

AFFIDABILITÀ, PASSIONE E CURA NEI DETTAGLI E CIÒ CHE TROVERAI ALL'INTERNO DI SMART ENCYCLOPEDIA FACTS.

"LA COSA IMPORTANTE NON È TANTO CHE AD OGNI BAMBINO DEBBA ESSERE INSEGNATO, QUANTO CHE AD OGNI BAMBINO DEBBA ESSERE DATO IL DESIDERIO DI IMPARARE.

-JOHN LUBBOCK-

SCANNERIZZA IL QR CODE E COLLEZIONA TUTTA LA NOSTRA COLLANA

SMART FACTS ENCYCLOPEDIA

SCAN ME

SCRIVICI PER QUALSIASI RICHIESTA E SEGUICI SUI SOCIAL!

smartfactsencyclopedia@gmail.com

smart_facts_encyclopedia

Printed by Amazon Italia Logistica S.r.l.
Torrazza Piemonte (TO), Italy

53230762R00067